U0177418

中国航天基金会
CHINA SPACE FOUNDATION
本项目由中国航天基金会支持

我们必须征服宇宙

中国航天奠基人
钱学森的人生传奇

第2册

多彩少年

钱永刚/主编
顾吉环 邢海鹰/编著
上尚印象/绘

电子工业出版社·
Publishing House of Electronics Industry
北京·BEIJING

"你在一个晴朗的夏夜，
望着繁密的闪闪群星，
有一种可望而不可及的失望吧！
我们真的如此可怜吗？
不，绝不！
我们必须征服宇宙！"

哇!

想什么呢?这么入神。

没想到钱爷爷的童年跟我们一样丰富多彩!那时的生活条件也这么好吗?

哈哈,肯定比不了今天啊!但钱爷爷小时候不仅会学习,更会"玩"。他上小学时,成绩顶呱呱,"玩"得同样呱呱叫。

哥哥,快告诉我,钱爷爷的小学生活是什么样的?

1917年，钱学森快6岁了，父亲决定把他送到国立北京女子高等师范学校附属小学就读。

这所学校是北京第二实验小学的前身，成立于1909年，是当时教育部一所具有研究和试验性质的小学。

它秉持"只接收天才儿童"的原则，入学竞争可是异常激烈的。

这么多同学。

竞争太激烈了！

希望我的孩子能考上。

入学考试分为两道关卡，第一道是面试和笔试。

这些算术题，要在一分钟之内完成。

拿到试卷就可以开始写了。

报告老师，我做完了！

非常好。

崭新的小学生活，让钱学森进入了一个崭新的天地。

蚕长大了，就会吐丝。

我听父亲说，我们家之前就是做丝绸生意的。

丝绸就是用蚕丝织成的。

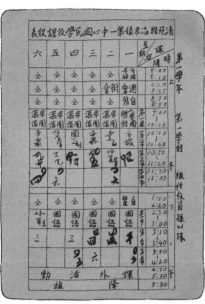

当时学校的课程设置没有主、副科之分，非常注重学生的综合发展。

我们的花好漂亮啊！是不是？

加油跑起来！

注意笔锋，字要苍劲有力！

朗读要声音洪亮。

学校还非常鼓励学生探索自然，老师会经常带着大家探访北京周边的名胜古迹。

这就是我们祖国的大好河山。

十三陵陵区周围群山环绕。

北海公园原为辽燕京城东北一片湖泊，名金海。

真的好美啊！

一次出游时，大家一起漫步湖边，微风拂过，红叶飘落。

这里有一片完整的枫叶。

夹在笔记本里。

钱学森，你捡这片落叶要做什么？

这些树叶都可以做成漂亮的书签啊！

在班级里，钱学森的年龄是最小的，学习成绩却名列前茅，每门功课都十分优秀。

作业真是工整啊！

光荣榜

这道题你是怎么解出来的？

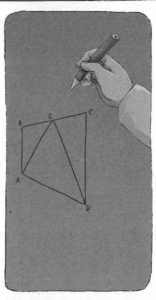

其实只要画一条辅助线，就可以轻松解决了。

哦，原来是这样！

你可真聪明！

钱学森好棒呀！

每天放学回家后，他都要练字、画画。

窗外俨然就是一幅画啊，我要认真画出来。

学森，来休息一会儿吧！

妈妈，高希舜老师今天教我画花鸟了，您看我画得怎么样？

嗯，好，我来看看。

怎么不说话。

母亲，到底怎么样？

果然是名师出高徒哦！

母亲，再看看我写的字吧！

好，这字也大有长进！

真是太好了！

于士俭老师每天都会让我们临摹柳公权或欧阳询的字帖。

在学校的时候，同学之间很流行玩一种叫作"投飞镖"的游戏。

当当当……

一班

好啊！

下课喽！

投飞镖去吧！

一到课间休息，学生们就会一窝蜂地冲向操场，开始玩"投飞镖"。

看谁的纸飞镖飞得最远！

使劲儿投啊！

飞喽！

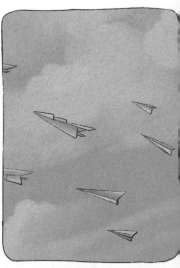

我的飞镖栽下去了……

真可惜……

这时，钱学森不慌不忙地准备投出自己手里的飞镖。

只见钱学森的飞镖在空中划出一根漂亮的弧线，稳稳地飞向了远方。

同学们的目光都被钱学森的飞镖吸引住了。

17

同学们捡起钱学森的飞镖，仔细观察。

其实也没什么奥秘，只是在折的时候注意了几个问题……

钱学森接过自己的纸飞镖，开始讲解。

选纸要光滑，不能过于轻薄，也不能太厚重。因为太轻了投不起来，太重了会飞不动。

他将纸飞镖展开，继续讲解。

另外，纸飞镖的头部要叠得小一些，翅膀不能太大，太大了会转圈；也不能太小，太小了会飞不稳……

原来是这样……

当然，还有最关键的一点！

还有什么？快告诉我们。

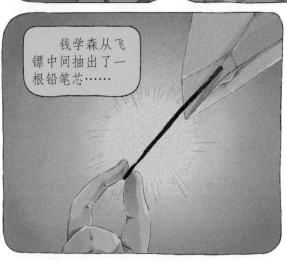

钱学森从飞镖中间抽出了一根铅笔芯……

我在纸飞镖头部夹了一根细细的铅笔芯。

钱学森发现，纸飞镖头太轻会承受不住气流压力，太重又会向下栽。了解这个原理后，每次比赛时，钱学森都会悄悄地在纸飞镖的头部放一根铅笔芯，让纸飞镖能够被气流托着滑翔很远。没想到，小小的纸飞镖暗含着空气动力学的原理。

看来钱学森爷爷从小就喜欢动脑筋,善于观察和总结。

所以说,会"玩",也是一种能力。

要是能回到过去,我就让钱爷爷教我折纸飞镖。

哈哈,这个想法好!

哥哥,你快接着给我讲钱爷爷的故事吧!

母亲，我去上学了！

1923年，钱学森小学毕业，考入了北京师范大学附中。

北京师范大学附中成立于1901年，是中国建立最早的国立中学，担负着中学教育"开路先锋"的重任。

这里有宽阔的操场，

整齐的桌椅，

齐全的实验设备。

今天是开学典礼，学生们齐聚礼堂。

欢迎各位新同学。

校长林砺儒

我们学校的校训是——勤、爱、诚、勇。希望在座的每个人都能牢记于心。

我希望大家能在这里学习知识，完善人格，将来成为国家的栋梁之材……

钱学森听得心潮澎湃，眼中闪动着光芒。

当时学校分为理科部和文科部，钱学森选择了理科部。

学校的教学宗旨是以提高学生智力为目标，启发学生享受学习的过程。

马上要考试了，你怎么不赶紧把课文背一下。

这些知识都在我脑子里了。

我要是有钱学森一半聪明就好了……

没错，我反对大家为了考试而"临时抱佛脚"。

好紧张啊……我的"考试综合症"又犯了。

将试卷分发给每一位学生。

好的,老师。

遇到不会的题,可以先放一放,先做会做的。

两天后。

成绩出来了,大家来领一下试卷。

我叫到名字的同学来领卷子。

老师，咱们班这么多人，连一个满分都没有，怎么能算理想呢？

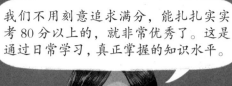

我们不用刻意追求满分，能扎扎实实考80分以上的，就非常优秀了。这是通过日常学习，真正掌握的知识水平。

我们读书是为了掌握知识，而不是为了考试，更不是为了成绩。

就是在这种民主、开拓、创造的学习环境中，钱学森受到了良好的熏陶，这对他人生观的建立起到了很大作用。

在北师大附中读书的六年里，有许多老师令钱学森终身难忘。

教语文课的是董鲁安先生。

自鸦片战争至今，帝国主义依然在中国横行，北洋政府腐败无能……

只有学好科学知识，才能振兴中华！

钱学森把董老师的话全都记在了心里。

董老师讲得真好，只有科技才能强国！

董老师知识渊博，讲课时旁征博引，帮助钱学森树立了正确的观念。

教生物的是俞君适先生。

听说你喜欢制作标本，我今天要送一件特殊的礼物给你。

俞老师，是什么礼物啊？

哇！竟然是条小蛇！

用它制作标本，你可得有点儿胆量啊！

钱学森第一次制作的动物标本，就是俞老师给他的这条蛇，让他永远铭记。

教化学的是王鹤清先生。

将液体轻轻地倒进容器中。

看！这就是我们平时用的肥皂。

太神奇了！

你们谁愿意自己动手做一下？只有实践才能出真知哦！

我！

我！

我！

王老师始终鼓励学生动手做实验，希望学生能够通过亲身实践，培养对科学的兴趣。

教矿物学的是李士博先生。

这些矿物硬度的顺序你们记住了吗?

还没有记全呢……

我帮你们编了个口诀:滑、膏、方、莹、磷……

我知道了,"滑"是滑石,"膏"是石膏……

真的是朗朗上口,听一遍就全记住了。

钱学森直到晚年依然对李老师矿物的"十级硬度口诀"记忆犹新。

钱学森还非常迷恋音乐。

老师轻轻地摇动着唱片机，悠扬的乐曲回荡在教室中。

今天老师会给我们放什么曲子呢？

老师，这是什么曲子？太激动人心了！

这是贝多芬的《第九交响曲》。

太神奇了！伟大的音乐作品真的能给人以力量。

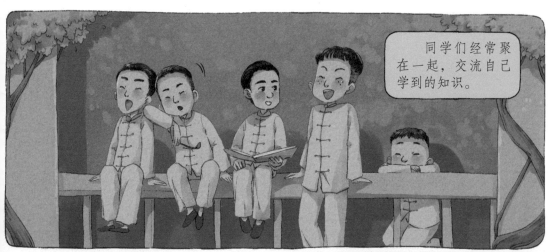

同学们经常聚在一起，交流自己学到的知识。

你们知道20世纪有哪两位伟人吗？

不知道啊，你说说看。

一位是爱因斯坦，一位是列宁！

他们有什么成就呢？

爱因斯坦是科学伟人，列宁是革命伟人。

你是怎么知道这些的？

我前天从图书馆里的一本杂志上看到的。

伟人必有伟大之处，我也想了解一下他们的事迹。

坐在操场的台阶上，钱学森思考着什么。

放学后，同学们三三两两地走出教室。

钱学森直奔图书馆。

应该就是这几本杂志了。

钱学森读得津津有味，乐在其中。

虽然这些资料钱学森不是完全看得懂，但也使他开阔了眼界，更加激发了他对科学的兴趣。

同时让他对社会进步有了新的认识。

1929年，18岁的钱学森以优异的成绩从北师大附中毕业，但在选择上哪所大学、读什么专业的问题上，他思考了很久。与此同时，教师办公室里也是吵声一片。

老师们都在争相给钱学森出谋划策。

钱学森很有文学天赋，可以学文科，将来成为一名作家。

钱学森不置可否。

钱学森在数学方面大有前途，一定要报考数学系。

我有不同的意见。

钱学森艺术天赋极高，可以学画画、学作曲。

谢谢各位老师的指导，我好好去想想。

钱学森回到家后，坐在书房里，一言不发，思考着。

父母发现了他的异样，静静地来到他的身边。

申儿，你在想什么呢？

一定是在为上哪所大学而苦恼。

嗯，我在思考……

你可以去读师范，将来像你父亲一样，教书育人。

钱学森并没有表现出赞同的神情。

那你自己有什么想法？

国家的前途让我忧虑。我之前读孙中山先生的《建国方略》，他指出，铁路交通是国计民生的根本……

中国想要强大，必定要发展交通，尤其是铁路交通。

此时的钱学森已经有了自己的人生抱负，他要走"实业救国"的道路。

说得好！

以前，中国的铁路基本都是外国人铺设的……

我要学习铁道机械工程，将来为中国人修铁路，这是实业救国的道路。

中国现在很缺乏这方面的人才！

孩子，你有这样的志向，我为你感到骄傲！

就这样，钱学森报考了国立交通大学，这是钱学森自己做出的人生第一次选择。

请看下一册

《 我们必须征服宇宙
第3册 不负韶华 》

图书在版编目（CIP）数据

我们必须征服宇宙. 第2册 / 钱永刚主编；顾吉环，邢海鹰编著；上尚印象绘. -- 北京：电子工业出版社，2023.9

ISBN 978-7-121-45988-7

Ⅰ.①我… Ⅱ.①钱… ②顾… ③邢… ④上… Ⅲ.①航天－少儿读物 Ⅳ.①V4-49

中国国家版本馆CIP数据核字（2023）第131791号

责任编辑：季　萌
印　　刷：当纳利（广东）印务有限公司
装　　订：当纳利（广东）印务有限公司
出版发行：电子工业出版社
　　　　　北京市海淀区万寿路173信箱　邮编：100036
开　　本：889×1194　1/16　印张：36　字数：223.2千字
版　　次：2023年9月第1版
印　　次：2023年9月第1次印刷
定　　价：248.00元（全12册）

凡所购买电子工业出版社图书有缺损问题，请向购买书店调换。若书店售缺，请与本社发行部联系，联系及邮购电话：（010）88254888，88258888。

质量投诉请发邮件至zlts@phei.com.cn，盗版侵权举报请发邮件至dbqq@phei.com.cn。

本书咨询联系方式：（010）88254161转1860，jimeng@phei.com.cn。